BEI GRIN MACHT SICH IHR WISSEN BEZAHLT

- Wir veröffentlichen Ihre Hausarbeit,
  Bachelor- und Masterarbeit

- Ihr eigenes eBook und Buch -
  weltweit in allen wichtigen Shops

- Verdienen Sie an jedem Verkauf

**Jetzt bei www.GRIN.com hochladen
und kostenlos publizieren**

Mathematik im Zahlenraum bis hundert (Klassenstufe 2)

Nicole Kunz

Bibliografische Information der Deutschen Nationalbibliothek:

Die Deutsche Nationalbibliothek verzeichnet diese Publikation in der Deutschen Nationalbibliografie; detaillierte bibliografische Daten sind im Internet über http://dnb.d-nb.de abrufbar.

ISBN: 9783346094476
Dieses Buch ist auch als E-Book erhältlich.

© GRIN Publishing GmbH
Nymphenburger Straße 86
80636 München

Alle Rechte vorbehalten

Druck und Bindung: Books on Demand GmbH, Norderstedt Germany
Gedruckt auf säurefreiem Papier aus verantwortungsvollen Quellen

Das vorliegende Werk wurde sorgfältig erarbeitet. Dennoch übernehmen Autoren und Verlag für die Richtigkeit von Angaben, Hinweisen, Links und Ratschlägen sowie eventuelle Druckfehler keine Haftung.

Das Buch bei GRIN: https://www.grin.com/document/512091

Mathematik

Analyse der Kriterien „Guten Unterrichts"

Gliederung

1. Stellung der Stunde im LehrplanPLUS

1.1 Fachprofil

Kinder werden im Alltag oft mit mathematischen Elementen konfrontiert. Schon zu Schuleintritt sind ihnen Ziffern und Zahlen vertraut. Der kompetenzorientierte Mathematikunterricht knüpft an die elementaren Erfahrungswelten der Schüler[1] an, indem er wiederkehrende Muster und Strukturen aufzeigt und aufgreift wodurch die Kinder Mathematik zunehmend als Wissenschaft begreifen. Selbstverständlich ab der zweiten Jahrgangsstufe ist die Orientierung im Hunderterraum. Sie bildet zudem die Grundlage für das Zurechtfinden in weiteren Zahlenräumen.

Des Weiteren trägt sie zur soliden Bildung des mathematischen Lernens in der Sekundarstufe bei.[2]

Die Kompetenzorientierung des LehrplanPLUS strebt die Anwendung, Bildung sowie Nutzung mathematischer Kenntnisse, Fähigkeiten und Fertigkeiten durch diverse Anforderung- und Anwendungssituationen an. Um diese Kompetenzen zu erlangen ist die sichere Orientierung im Hunderterbereich unabdingbar um sie in den bereits kurz beleuchteten Situationen anwenden zu können.

Selbstgesteuertes Lernen auf individuellem Niveau im Sinne von Individualisierung und Differenzierung wird in der vorliegenden Stunde durch zweifach differenzierte Aufgabenstellungen sowie Zusatzaufgaben gewährleistet. Die Schüler entscheiden selbst darüber welchen Schwierigkeitsgrad sie an der Lerntheke wählen und kontrollieren sich anschließend selbst. Dadurch werden die mathematischen Kompetenzen der Kinder durch die aktivierende und selbstgesteuerten Lernsituationen weiter ausgebildet.

Außerdem können die Schüler kreativ tätig werden, indem sie sich eigene Ausschnitte der Hundertertafel ausdenken und verschriftlichen.

Der Lernprozess wird durch strukturierte Impulse und Fragestellungen unterstützt.

Besonders in der Phase der Übung profitieren mehrsprachig aufwachsende Kinder von der Kommunikation mit ihrem Partner, sodass die mathematische Verwendung von Fachbegriffen gefördert wird.[3]

---

[1] Um eine bessere Lesbarkeit zu gewährleisten, werden im Rahmen dieser Arbeit Doppelungen, wie "Schülerinnen und Schüler", „Schüler/-innen", „Lehrerinnen und Lehrer" und „Lehrer/-innen" zugunsten der generischen Begriffe "Schüler" und „Lehrer" aufgegeben.

[2] vgl. Bayerisches Staatsministerium für Unterricht und Kultus (2017): LehrplanPLUS Grundschule in Bayern. München: Verlag J. Maiß, S.79.

[3] vgl. ebd. S. 79 f.

Kompetenzorientierung im Fach Mathematik

Kompetenzstrukturmodell

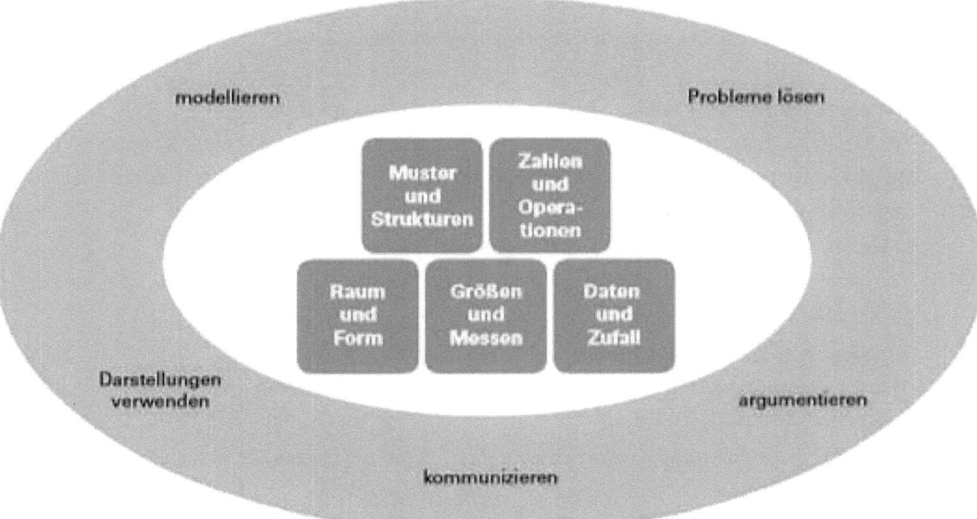

Prozessbezogene Kompetenzen

In der vorliegenden Stunde liegt der Schwerpunkt auf der Kompetenz des *Problemlösens*. Die Schülerinnen und Schüler wenden „ihre bereits vorhandenen mathematischen Kenntnisse, Fähigkeiten und Fertigkeiten bei der Bearbeitung herausfordernder"[4] Aufgabenstellungen an. Durch zweifach differenzierte Arbeitsblätter gibt es für jedes Kind eine Auswahl herausfordernder Aufgaben.

Ebenso spielt das *Kommunizieren* eine wesentliche Rolle in der Stunde. Besonders in der Erarbeitungsphase sowie der Reflexion tauschen sich die Schüler über vorhandene mathematische Kenntnisse aus. Des Weiteren wird im Plenum und in der Partnerarbeit kommuniziert.

Gegenstandbereiche

Das Lösen von Aufgaben im Hunderterbereich zählt zu dem Gegenstandsbereich *Zahlen und Operationen*.

---

[4] vgl. ebd. S. 81.

Beitrag des Faches Mathematik zu den übergreifenden Bildungs- und Erziehungszielen

Die vorliegende Stunde leistet einen Beitrag zur sprachlichen Bildung sowie zum sozialen Lernen durch die prozessbezogene Kompetenz des Kommunizierens.

Grundlegende Kompetenzen am Ende der zweiten Jahrgangsstufe

Die Schüler rechnen in de(r) [...] Grundrechenart (plus) [...], nutzen dabei ihr Verständnis des Stellenwertsystems sowie Zahlbeziehungen und wenden [...] Rechenstrategien im Zahlenraum [...] (bis Hundert) richtig [...] an.

Außerdem entnehmen sie aus [...] (T)exten relevante Informationen.[5]

1.2 Fachlehrplan Mathematik 1/2

Lernbereich 1: Zahlen und Operationen

M1/2 1.1 Zahlen strukturiert darstellen und Zahlbeziehungen formulieren

Die Schüler

- orientieren sich im Zahlenraum bis Hundert [...] auch anhand des Zahlenstrahls und der Hundertertafel.
- vergleichen Zahlen im Zahlenraum bis Hundert unter der Verwendung der Begriffe ist größer als, ist kleiner als [...] sowie der Rechenzeichen >, < und = um eine Vorstellung von Größenordnungen zu bekommen.
- schreiben Ziffern und Zahlen deutlich und achten bei Rechnungen [...] auf eine übersichtliche Schreibweise, um Rechenfehlern vorzubeugen.

M1/2 1.2 Im Zahlenraum bis Hundert rechnen und Strukturen nutzen

Die Schüler

- nutzen Rechenstrategien ([...] Nachbaraufgaben) [...] im Zahlenraum bis 100 [...].
- erkennen, beschreiben und entwickeln arithmetische Muster [...] und setzen diese folgerichtig fort.[6]

---

[5] vgl. ebd. S. 111 f.

[6] vgl. ebd. S. 225 f.

2. Stellung der Stunde in der Sequenz

2.1 Sequenzziel

Die Schüler orientieren sich im Hunderterraum (Hunderterfeld), sie lesen, schreiben und hören Zahlen bis Hundert und rechnen einfache Aufgaben im Zahlenraum bis Hundert.

2.2 Sequenzverlauf

UE	Stundenthema	Stundenziel	prozessbezogene Kompetenzen	Querver-bindungen
1	Wir bündeln korrekt immer 10.	Die Schüler kreisen immer 10 Dinge ein (bündeln).	Probleme lösen	LB 1.1
2	Wir zerlegen die 100 in Zehner und Einer.	Die Schüler zerlegen die 100 mit Hilfe von Zehner- und Einerkärtchen.	Probleme lösen Argumentieren	LB 1.1 LB 1.2
3	Wir zerlegen die 100 in Zehner und Einer.	Die Schüler zerlegen die 100 mit Hilfe von Zehner- und Einerkärtchen.	Probleme lösen Argumentieren	LB 1.1 LB 1.2
4	Wir hören und schreiben „zig-Zahlen".	Die Schüler hören und schreiben „zig-Zahlen".	Darstellungen verwenden Probleme lösen	LB 1.1 LB 1.2
5	Wir hören, schreiben und legen „Zehner-Zahlen".	Die Schüler hören, schreiben und legen „Zehner-Zahlen" mit Hilfe von Zehnerkärtchen.	Darstellungen verwenden Argumentieren	LB 1.1 LB 1.2
6	Wir hören, legen, schreiben und sprechen Zehner/Einer-Zahlen".	Die Schüler hören, legen, schreiben und sprechen Zehner/Einer-Zahlen" mit Hilfe von Zehner- und Einerkärtchen in Partnerarbeit.	Darstellungen verwenden	LB 1.2

7	Wir arbeiten mit der Stellenwerttafel.	Die Schüler arbeiten mit der Stellenwerttafel und verschieben die Plättchen.	Darstellungen verwenden	LB 1.2
8	Wir lernen das Hunderterfeld kennen, zeigen Zehner und benennen Zehnerzahlen.	Die Schüler lernen das Hunderterfeld kennen, zeigen Zehner und benennen Zehnerzahlen.	Probleme lösen Darstellungen verwenden	LB 1.2
9	Wir addieren Zehner.	Die Schüler addieren Zehnerzahlen an der Hundertertafel.	Probleme lösen	LB 1.2
10	Wir subtrahieren Zehner.	Die Schüler subtrahieren Zehner.	Probleme lösen	LB 1.2
11	Wir bilden Zahlen bis 100.	Die Schüler bilden Zahlen bis 100 mit Hilfe der Zehnerkarten und es Hunderterfeldes.	Darstellungen verwenden	LB 1.2
12	Wir zeigen Zehner und Einer am Hunderterfeld.	Die Schüler zeigen Zehner und Einer am Hunderterfeld.	Darstellungen verwenden	LB 1.2
13	Wir orientieren uns im Hunderterfeld.	Die Schüler gehen den Zahlen bis 100 auf die Spur. Abfrage Zahlenhören.	Darstellungen verwenden	LB 1.2
14	Wir markieren gerade und ungerade Zahlen am Hunderterfeld.	Die Schüler markieren gerade und ungerade Zahlen am Hunderterfeld.	Darstellungen verwenden.	LB 1.2
15	Wir erkennen Ausschnitte des Hunderterfeldes.	Die Schüler erkennen Ausschnitte des Hunderterfeldes und lösen Rechenrätsel.	Probleme lösen Darstellungen verwenden.	LB 1.2

16	Wir lernen das Hunderterseil kennen.	Die Schüler lernen das Hunderterseilkonkret kennen, machen Orientierungsübungen am Seil, markieren Zahlen inkl. Nachbarzehner am Zahlenstrahl.	Darstellungen verwenden. Probleme lösen	LB 1.2
17	Wir arbeiten mit Nachbarzahlen.	Die Schüler arbeiten mit Nachbarzahlen.	Probleme lösen	LB 1.2
18	Wir arbeiten mit Nachbarzehnern.	Die Schüler arbeiten mit Nachbarzehnern.	Probleme lösen	LB 1.2
19	**Wir arbeiten an der Lerntheke.**	**Die Schüler lösen Aufgaben im Bereich bis Hundert, indem sie an differenzierten Aufgaben alleine und in Partnerarbeit üben und sich selbst anschließend kontrollieren.**	**Probleme lösen Kommunizieren Darstellungen verwenden**	**LB 1.1 LB 1.2 MU LB 1 WG LB 2**
20	Wir wiederholen Aufgaben des Zahlenraums bis 100.	Die Schüler wiederholen im Zahlenraum bis 100.	Probleme lösen	LB 1.1 LB 1.2
21	Wir schreiben eine Probearbeit.	Die Schüler schreiben eine Probearbeit zum Zahlenraum bis 100.	Probleme lösen	LB 1.1 LB 1.2

2.3 Begründung der Einordnung

Die Schüler kennen bereits aus der ersten Jahrgangsstufe den Zahlenraum bis 20 mit diversen Aufgaben (Addition, Subtraktion, Nachbarzahlen, Zahlenstrahl).

In der zweiten Jahrgangsstufe wird der Zahlenraum bis 100 erweitert. Zu Beginn der Sequenz wird das Bündeln wiederholt, welches die Grundlage zum größeren Zahlenverständnis bildet.

Anschließend werden sukzessive Aufgaben und Orientierungen im Zahlenraum bis Hundert erarbeitet. Danach werden Arbeitshilfen zur besseren Vorstellung der großen Zahlen herangezogen (Stellenwerttafel, Zahlenstrahl, Hunderterfeld, Zahlenkarten, Zahlenplättchen). Diese Hilfen unterstützen die Schüler bei der Erarbeitung der Aufgaben im Hunderterraum.

Zum Abschluss der Sequenz zeigen die Schüler ihr Wissen, indem sie diverse Aufgaben (Hundertertafel, Nachbarzahlen, Arbeit am Zahlenstrahl, Hören von Zahlen, Erkennen von Zahlen durch Fühlen, Fortführen von Zahlenfolgen, Lösen von Zahlenrätseln) im Hunderterraum lösen.

3. Beschreibung des Stundenziels

Die Schüler lösen diverse Aufgaben im Zahlenraum bis Hundert, indem sie an differenzierten Aufgaben alleine und in Partnerarbeit üben und sich selbst anschließend kontrollieren.

4. Kriterium nach Hilbert Meyer

4.1 Kurze Darstellung des ausgewählten Kriteriums

„Usus est magister optimus"

oder wie Meyer formuliert

„Übung macht den Meister." Nein, „richtiges Üben macht den Meister".[7]

Meyer ergänzt den Begriff des *richtigen Übens* mit dem des *intelligenten Übens*[8]. Um das Maximum der Leistungen durch das Üben zu erzielen, muss zudem in angemessenem Rhythmus geübt werden. Des Weiteren müssen die Aufgaben dem Lernstand der Schüler entsprechen. Die Schüler sind angehalten eine Kompetenz des Übens zu entwickeln, die die Anwendung richtiger Lernstrategien einschließt. Zuletzt hat die Lehrperson die Aufgabe in Phasen intelligenten Übens angemessene Hilfestellung zu geben.[9]

---

[7] Meyer, Hilbert (2004): Was ist guter Unterricht?, S. 104.

[8] vgl. ebd. S. 104.

[9] vgl. ebd. S. 104 f.

Übungsphasen sind wichtig für die Automatisierung, die Vertiefung und den Transfer. Daher sollten sie ein fester Bestandteil im Unterricht sein und nicht nur in das Feld der Hausaufgaben verlagert werden. [10]

Schülern muss die Möglichkeit gegeben werden selbstständig zu arbeiten, um monotonem und trägem Üben entgegenzuwirken. Hierfür stellen das unmittelbare Sichtbarwerden der Übungserfolge und die Selbstkontrolle der Schüler entscheidende Faktoren dar. [11]

Meyer resümiert die Indikatoren des intelligenten Übens wie folgt: Es muss oft und kurz geübt werden. Regeln müssen gemeinsam vereinbart und eingehalten werden. Die Arbeitsatmosphäre ist angenehm und ruhig, sodass Konzentration möglich ist. Darin inbegriffen ist eine Reduktion von Unterrichtsstörungen. Die Übungsaufträge sind personen-, ziel- und themen- oder methodendifferenziert. Das Übungsmaterial ist ansprechend, selbsterklärend und lässt eine selbstständige Kontrolle zu. Aufgabe des Lehrers ist es, gezielte Hilfestellungen zu geben und die Leistungen zu würdigen. [12]

Zudem ist wichtig, den Schüler ihrem Lernstand entsprechende Aufgaben anzubieten sowie kooperatives Lernen und Sinnstiftung möglich zu machen, sodass Üben gewährleistet werden kann. Sinnstiftung schließt das Erleben von Erfolgen mit ein. [13]

4.2 Fundierte Begründung der Auswahl

Das Üben nimmt in allen Bereichen es Mathematikunterrichts eine signifikante Rolle ein. Ohne Üben kann kaum eine Festigung der mathematischen Kompetenzen erlangt werden.

Im Zahlenraum bis Hundert stellt das Üben kontinuierlich einen wichtigen Bestandteil dar, um Zahlenbeziehungen herzustellen, „große Zahlen" zu unterscheiden und zu verinnerlichen. So können dann auch herausfordernde Aufgaben wie beispielsweise Zahlenrätsel kompetent gelöst werden. Üben bedeutet heute mehr als das beständige Wiederholen des gleichen Aufgabentyps. [14] Die Entdeckerhaltung der Schüler sollte daher in Übungsstunden kontinuierlich aufrecht erhalten werden. [15]

Die vorliegende Stunde der besonderen Unterrichtsvorbereitung wurde im Sinne des intelligenten Übens konzipiert. Im Folgenden werden die Indikatoren des intelligenten Übens in Bezug auf die ausgearbeitete Stunde beleuchtet.

---

[10] vgl. ebd. S. 104 ff.

[11] vgl. ebd. S. 105.

[12] vgl. Meyer 2004, S. 106 nach Helmke/Schrader/Weinert (1987); Weinert/Helmke (1997; BUV Seminar MIL II (2019).

[13] vgl. Meyer, S. 110 f.

[14] vgl. Neubert (2013): Üben hat viele Facetten, S. 4.

[15] vgl. Pöhls (2017): Üben in Strukturen, S. 53.

Zunächst werden in allen Phasen der Stunde vereinbarte Regeln eingehalten. Die Schülerinnen und Schüler halten sich an die Arbeitsaufträge, sodass unnötiges Herumlaufen und Diskussion vermieden werden. Dadurch herrscht eine angenehm ruhige und konzentrierte Arbeitsatmosphäre. Zu diesen Regeln zählen auch die eingeführten Impulse (Schlagen der Klangschale, Bildkarten). Aufgrund der klar formulierten Aufträge und der gemeinsamen Hinführungs- und Reaktivierungsphase wird den Schülern zudem bewusst, was in der Stunde geübt wird. Eventuelle Unklarheiten werden effektiv geklärt.

Durch die Präsenz der Lehrerin können auftretende Unterrichtsstörungen schnell behoben werden. Zudem kann die Lehrkraft auf diese Weise die Übungsversuche beobachten und bei Bedarf Hilfestellung leisten.

Die Übungsaufträge sind zweifach differenziert gestaltet, sodass jeder Schüler entsprechend seines Leistungsstandes gefördert wird. Durch die ansteigende Schwierigkeit innerhalb der Arbeitsblätter und der darauffolgenden Sternchenaufgaben werden die Kinder zusätzlich gefordert und gefördert. Kooperatives, operatives sowie produktives Üben wird ermöglicht.

Die Übungsmaterialien sind ansprechend gestaltet und selbsterklärend.

Mithilfe der Kontrollstation bei den Aufgaben der Lerntheke ist die individuelle Selbstkontrolle möglich und somit der Übungserfolg wird für die Schüler direkt sichtbar. Die Leistungen der Schülerinnen und Schüler werden durch Lob der Lehrerin gewürdigt.[16]

---

[16] vgl. BUV Seminar MIL II (2019).

5. Darstellung des Stundenverlaufs mit farbiger Markierung des Kriteriums

Geplanter Unterrichtsverlauf

Zeit	Stundenabschnitt	Unterrichtsschritte und Inhalte	Methodischer Kommentar/Materialien
Vorphase			
8.00	Vorviertelstunde	Ankommen der SuS, Abgeben der Hausaufgabe, Bereitlegen von Mäppchen und Hausaufgabenheft sowie freies Beschäftigen	Musik Triangel Gebetswürfel
8.07		L.: „Wir treffen uns im Stehkreis." • Gebet • Morgengruß • „Wir wünschen uns einen frisch fröhlichen Tag." • Datumdienst Begrüßung des Seminarleiters	
Kopfrechnen			
8.10		L.: „Gehe an deinen Platz. Hole das Kopfrechenblatt aus der Tischmappe und nimm ein Bleistift aus dem Mäppchen." SuS gehen an ihren Sitzplatz und holen das Kopfrechenblatt sowie einen Bleistift aus dem Mäppchen.	Bleistift Kopfrechenblatt

		L: „ Schreibe die Zahlen, die du hörst auf das AB."	Trommel
		L schlägt auf Trommel und Triangel Zahlen (53, 82, 19, 95, 72)	Triangel
		Trommel: Zehner	
		Triangel: Einer	
		S notieren die gehörten Zahlen	
		L: „Welche Zahlen hörst du?"	
		L spricht die Zahlen 42, 24, 21, 62, 95	
		S notieren die gehörten Zahlen	
		L zeigt die Ergebnisse der Kopfrechenphase an der Dokumentenkamera auf dem Kopfrechenblatt.	
		L: „Nimm einen grünen Stift. Hake richtige Ergebnisse an und streiche falsche durch. Zeichne das passende Smiley-Gesicht."	Grüner Stift
		SuS korrigieren die ABs der Kopfrechenphase	
		L: „Lege dein Kopfrechenblatt in die Tischmappe."	
		S legen die Kopfrechenblätter in die Tischmappen	
Hinführung			
8.15	Impuls	L: „Eulalia mag die Adventszeit sehr. Sie fliegt los Richtung Weihnachtsmarkt in Miltenberg. Schon von der Ferne kommt ihr ein leckerer Duft 100 toller Sachen entgegen. Besonders den von Kinderpunsch und Lebkuchen mag sie sehr.	LEZ

		Eulalia landet mitten auf dem Weihnachtsmarkt. Sie geht ein wenig umher, guckt sich um und verweilt an einem Stand mit ganz vielen Weihnachtssäcken. Sie ist total begeistert. Einen davon hat mir Eulalia auf ihrem Heimflug mitgebracht und ich habe ihn jetzt dabei."	
		L nimmt Weihnachtsmütze	Weihnachtsmütze
		„Wow- ich bin gespannt was tolles drinnen ist. Ein leises Kind darf mir helfen nachzusehen."	
		S zieht die erste Mathematikaufgabe aus der Mütze	Mathematikaufgabe in Form einer
		L: „ Lies vor, was du gezogen hast."	Schneeflocke/Stiefel/Schlitten
		S sagt was er/sie gezogen hat und liest die Matheaufgabe laut vor	
		→ Alle weiteren Aufgaben werden von der L vorgestellt an der Tafel	Tafel
		L: „Ich bin mir sicher du magst auch so tolle Aufgaben rechnen.	BK mit den Lernthekensymbolen
	Zielangabe	L schreibt Zielangabe an die Tafel: „Wir üben mit Eulalia"	
		Ich habe diese 9 Stationen aufgebaut. An jeder Station findest du eine Aufgabe.	BK Einzelarbeit/Partnerarbeit
		Die Aufgabe mit dem Tannenbaum machst du mit deinem Sitznachbarn. Die anderen Aufgaben machst du alleine."	ABs und Lösungen der 9 Stationen
8.25		L hängt BK Einzelarbeit/Partnerarbeit an die Tafel und die BK der Lerntheke	

14

L: „Bei manchen Stationen hast du zwei verschiedene Aufgaben. Überlege, welche besser zu dir passt und was du noch üben solltest."	
L zeigt bei einer differenzierten Aufgabe eine leichte und eine schwerere Version.	Laufzettel
„Wenn du ganz schnell bist und am Ende noch Zeit hast, machst du die Kronenaufgabe.	
Damit du nicht durcheinanderkommst, liegt ein Laufzettel unter deinem Tisch. Wenn du eine Aufgabe erledigt hast hake ab, überlege wie es lief und kreuze das passende Smileygesicht an. Danach kontrollierst du die Aufgabe. Das Lösungsblatt sind die grünen Blätter bei den Stationen.	
Bei den Stationen, die in Folie sind, arbeitest du mit dem Folienstift und machst die Folie direkt nach dem Kontrollieren wieder sauber."	Waschbecken Papier
L zeigt am Waschbecken auf die Papiere zum Reinigen der ABs."	
„Wir verschwenden kein Papier. Nimm nur ein Papier zum Saubermachen und mache es dazu leicht nass.	
„Eine Station ist auf dem Gang. Dort arbeitest du im Flüsterton mit deinem Partner."	Lautstärkeampel
L schaltet Flüsterton und Mucksmäuschen an	Stationenhalter

15

	Symbole der ABs an der Lerntheke
S rechnen an der Lerntheke im Flüsterton (Partnerarbeit) oder leise (Einzelarbeit)	
Station 1: Hunderterfelder – Wie heißt die Zahl? • Einzelarbeit	Folienstift Papier und Wasser zum Reinigen
Station 2: Vergleiche die Zahlen. Setze >, <, = ein. • größer/kleiner/gleich • zweifach differenziert • Einzelarbeit	
Station 3: Lies die Zahl. Dein Partner schreibt sie in den Sand. • Zahlen lesen und in den Sand schreiben • zweifach differenziert • Partnerarbeit	Kisten mit Sand
Station 4: Ausschnitte des Hunderterfelds • Zahlen in die Ausschnitte eintragen • zweifach differenziert • Einzelarbeit	
Station 5: Aufgaben am Zahlenstrahl	

16

8.52	• Zahlen markieren und eintragen	Zahlen aus 3D Druck,
	• zweifach differenziert	Schleifpapier
	• Einzelarbeit	Gummi
		Tücher
	Station 6: Nachbarzahlen und Nachbarzehner	Kartons
	• Zahlen eintragen	
	• Einzelarbeit	
	Station 7: Verbinden von Zahlen	
	• Zahlen der Größe nach verbinden	
	• Einzelarbeit	
	Fühlaufgabe: Zahlen fühlen	
	• Erfühlen und notieren der sechs Zahlen des Hunderterraums aus 3D-Druck, Schleifpapier und Gummi	
	• Einzelarbeit	
	Kronenaufgabe:	
	• Zahlenrätsel	
	• Einzelarbeit	
	S haken die erledigten Aufgaben ab, schätzen sich nach der Aufgabe mit dem Smileygesicht ein und verbessern anschließend die Aufgaben.	Musik

Die Lösungen liegen den Stationen bei.		
	Akustischer Impuls	
	S haben noch 3 Minuten Zeit um ihre Aufgabe fertig zu rechnen.	
Reflexion		
8.55	Akustischer Impuls	Triangel
	L: „Wie ist es dir ergangen? Hast du dich an den Flüsterton gehalten?	
	Konntest du die Aufgaben leicht lösen oder fiel es dir noch schwer?	Plättchen
	Platziere dein Plättchen an der richtigen Stelle der Zielscheibe."	Zielscheibe
	S reflektieren und platzieren ihr Plättchen an der Zielscheibe	
Kurze Bewegungspause		
8.58	Trinkmöglichkeit für die Kinder	
	Bewegungspause zur Auflockerung (Stoptanz)	Musik

18

6. Literaturverzeichnis

Arbeitsgemeinschaft Mathematikförderung (2016): Der Wegweiser durch den Zahlenraum bis 100. Arbeitsmittel herstellen und lernzielgerecht einsetzen (2. bis 6. Klasse). Hamburg: PERSEN. Bergedorfer Unterrichtshilfen.

Bayerisches Staatsministerium für Unterricht und Kultus (2017): LehrplanPLUS Grundschule in Bayern. München: Verlag J. Maiß.

BUV Seminar MIL II (2019)

Hattermann, Mathias/Weigel, Janine (2013): MATHE an Stationen. SPEZIAL Zahlenraum bis 1000000. Zahlenraum bis 100. Handlungsorientierte Materialen für die Klassenstufen 1 bis 4. Augsburg: Auer Verlag.

Hartmann, Elvira (2017): Mit Montessori den Zahlenraum bis 100 begreifen. Augsburg: Auer Verlag.

Maras, Rainer/Ametsbichler, Josef (2016): Unterrichtsgestaltung in der Grundschule. Ein Handbuch. Augsburg: Auer Verlag.

Meyer, Hilbert (2004): Was ist guter Unterricht?. Berlin: Cornelsen Verlag Scriptor GmbH & Co. KG.

Neubert, Bernd (2013): Üben hat viele Facetten. In: Grundschulunterricht Mathematik (2/2013).

Pöhls, Arne (2017).: Üben in Strukturen. Festigen, vertiefen und vernetzen durch Entdeckungen. In Grundschule Mathematik (53/2017.

Anhang

Kopfrechenblatt

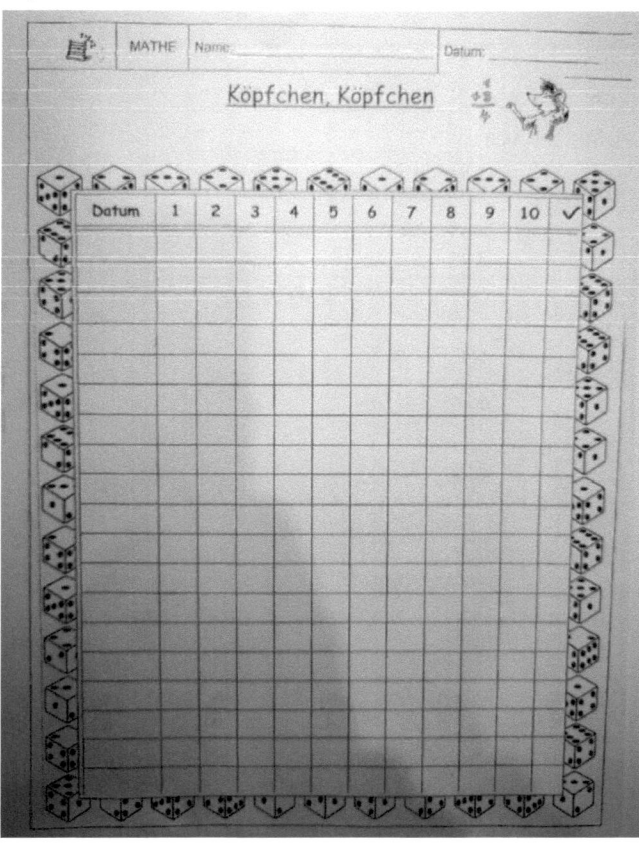

Laufzettel von

Lerntheke - Die Zahlen bis 100

Station	erledigt ✓	☺ ☺ ☺ ☹	kontrolliert ✓
1		☺ ☺ ☺ ☹	
2		☺ ☺ ☺ ☹	
3		☺ ☺ ☺ ☹	
4		☺ ☺ ☺ ☹	
5		☺ ☺ ☺ ☹	
6		☺ ☺ ☺ ☹	
7		☺ ☺ ☺ ☹	
		☺ ☺ ☺ ☹	
		☺ ☺ ☺ ☹	

Hunderterfeld

Name: _____   Datum: _____

Wie heißt die Zahl?

Die Zahl heißt: _____

Die Zahl heißt: _____

Die Zahl heißt: _____

Die Zahl heißt: _____

Die Zahl heißt: _____

Die Zahl heißt: _____

Zahlen vergleichen einfaches Niveau

| Name: _____ | Datum: _____ | |

Vergleiche die Zahlen. Setze ein $<$ $>$ $=$.

15 ◯ 23   71 ◯ 17   69 ◯ 70

57 ◯ 57   47 ◯ 74   23 ◯ 23

38 ◯ 83   9 ◯ 8   17 ◯ 24

5 ◯ 44   52 ◯ 25   91 ◯ 90

Zahlen vergleichen und ordnen

| Name: _____ | Datum: _____ | 2 |

1 Vergleiche die Zahlen. Setze ein $<$ $>$ $=$.

15 ◯ 23   71 ◯ 17   69 ◯ 70

57 ◯ 57   47 ◯ 74   23 ◯ 23

38 ◯ 83   9 ◯ 8   17 ◯ 24

5 ◯ 44   52 ◯ 25   91 ◯ 90

2 Ordne die Zahlen der Größe nach.
Beginne mit der <u>kleinsten</u> Zahl.

| 61 | 75 | 59 | 95 | 67 | 17 | 36 |

___ < ___ < ___ < ___ < ___ < ___ < ___

3 Ordne die Zahlen der Größe nach.
Beginne mit der <u>größten</u> Zahl.

| 26 | 39 | 62 | 97 | 45 | 88 | 53 |

___ > ___ > ___ > ___ > ___ > ___ > ___

Name:	Datum:	3

Lies die Zahl.
Dein Partner schreibt sie in den Sand.

7 6		4 7
8 4		1 3
9 9		6 3
2 5		7 0

Name:	Datum:	🌲 3

① Lies die Zahl.
   Dein Partner schreibt sie in den Sand.

7 6	4 7
8 4	1 3
9 9	6 3
2 5	7 0

② Ziehe 3 Kärtchen vom Stapel.
   Lies die Zahl deinem Partner vor.

Ausschnitte der Hundertertafel einfaches Niveau

Name: _____   Datum: _____   4

Trage die fehlenden Zahlen ein.

23

	80

77	

| 19 | [grid] |

| 15 |

| 39 |

Ausschnitte der Hundertertafel

Name: _____   Datum: _____   4

① Trage die fehlenden Zahlen ein.

23

	80

77	

	36	

19	

	15

	39

② Überlege dir einen eigenen Ausschnitt!

Zahlenstrahl einfaches Niveau

Name: _____   Datum: _____

(1) Aufgaben am Zahlenstrahl

Markiere alle Zehnerzahlen mit blau und alle Fünferzahlen mit rot.

0 10 20 30 40 50 60 70 80 90 100

(2) Auf welche Zahlen zeigen die Weihnachtskugeln?

0 10 20 30 40 50 60 70 80 90 100

Zahlenstrahl

Name: _____   Datum: _____   5

① Aufgaben am Zahlenstrahl

Markiere alle Zehnerzahlen mit blau und alle Fünferzahlen mit rot.

```
|++++|++++|++++|++++|++++|++++|++++|++++|++++|++++|
0   10  20  30  40  50  60  70  80  90  100
```

② Auf welche Zahlen zeigen die Weihnachtskugeln?

```
|++++|++++|++++|++++|++++|++++|++++|++++|++++|++++|
0   10  20  30  40  50  60  70  80  90  100
```

③ Auf welche Zahlen zeigen die Weihnachtskugeln?

```
|++++|++++|++++|++++|++++|++++|++++|++++|++++|++++|
0   10  20  30  40  50  60  70  80  90  100
```

30

Nachbarzahlen

Name:	Datum:	

1 Schreibe die Nachbarzahlen auf.

_32_ , 33 , _34_   _____ , 52 , _____

_____ , 10 , _____   _____ , 70 , _____

_____ , 67 , _____   _____ , 14 , _____

_____ , 41 , _____   _____ , 98 , _____

2 Wie heißen die Nachbarzehner?

_____ 23 _____   _____ 37 _____

_____ 18 _____   _____ 79 _____

_____ 85 _____   _____ 11 _____

Zahlen verbinden

Verbinde die Zahlen.
Du siehst einen _____.

Fühlstation

Name:	Datum:	

Welche Zahlen fühlst du?

Kronenaufgabe – Zahlenrätsel

Name:	Datum:	
_____	_____	

Zahlenrätsel

> Die Zahl steht in der Hundertertafel in der 7. Reihe und hat 3 Einer.

Die Zahl heißt: _____

> Die Zahl hat eine 2 und eine 5.

Die Zahlen heißen: _____

> Die Zahl steht in der Hundertertafel in der 2. Zeile und hat zwei gleiche Ziffern.

Die Zahl heißt: _____

> Die Zahl hat 4 Zehner und doppelt so viele Einer.

Die Zahl heißt: _____

BEI GRIN MACHT SICH IHR WISSEN BEZAHLT

- Wir veröffentlichen Ihre Hausarbeit, Bachelor- und Masterarbeit

- Ihr eigenes eBook und Buch - weltweit in allen wichtigen Shops

- Verdienen Sie an jedem Verkauf

Jetzt bei www.GRIN.com hochladen und kostenlos publizieren